浪花朵朵

地理小侦探

可怕的火山和地震

［英］阿妮塔·盖恩瑞　克里斯·奥克雷德 著
［智］保·摩根 绘　电鱼豆豆 译

海峡出版发行集团 THE STRAITS PUBLISHING & DISTRIBUTING GROUP | 海峡书局

证明完毕

你好，我是艾娃，他是乔治。我们是地理小侦探！
我们的目标是发现地球上的一切自然奇观。快来加入我们，和我们一起探索吧！

目录

做个地理小侦探吧

让我们跟着艾娃和乔治一起踏上探索火山和地震的旅途吧，他们将用小侦探的技能，找出导致火山爆发和地震发生的原因。你也可以自己尝试这些活动来帮助他们哦。

地理小侦探准备出发啦！

轰隆隆！火山喷发了！接下来让我们一起调查一下地球内部，看看火山爆发的原因吧。

火山是**熔融**的岩石（我们称它为**岩浆**）从地底深处喷发出来的地方。当熔融的岩石到达地表之后，我们称之为**熔岩**。

地理真相

全球每年都会发生超过 150 万次的地震！大约平均一天就有 4000 次。幸运的是，绝大多数地震都十分温和，我们很难感受得到。

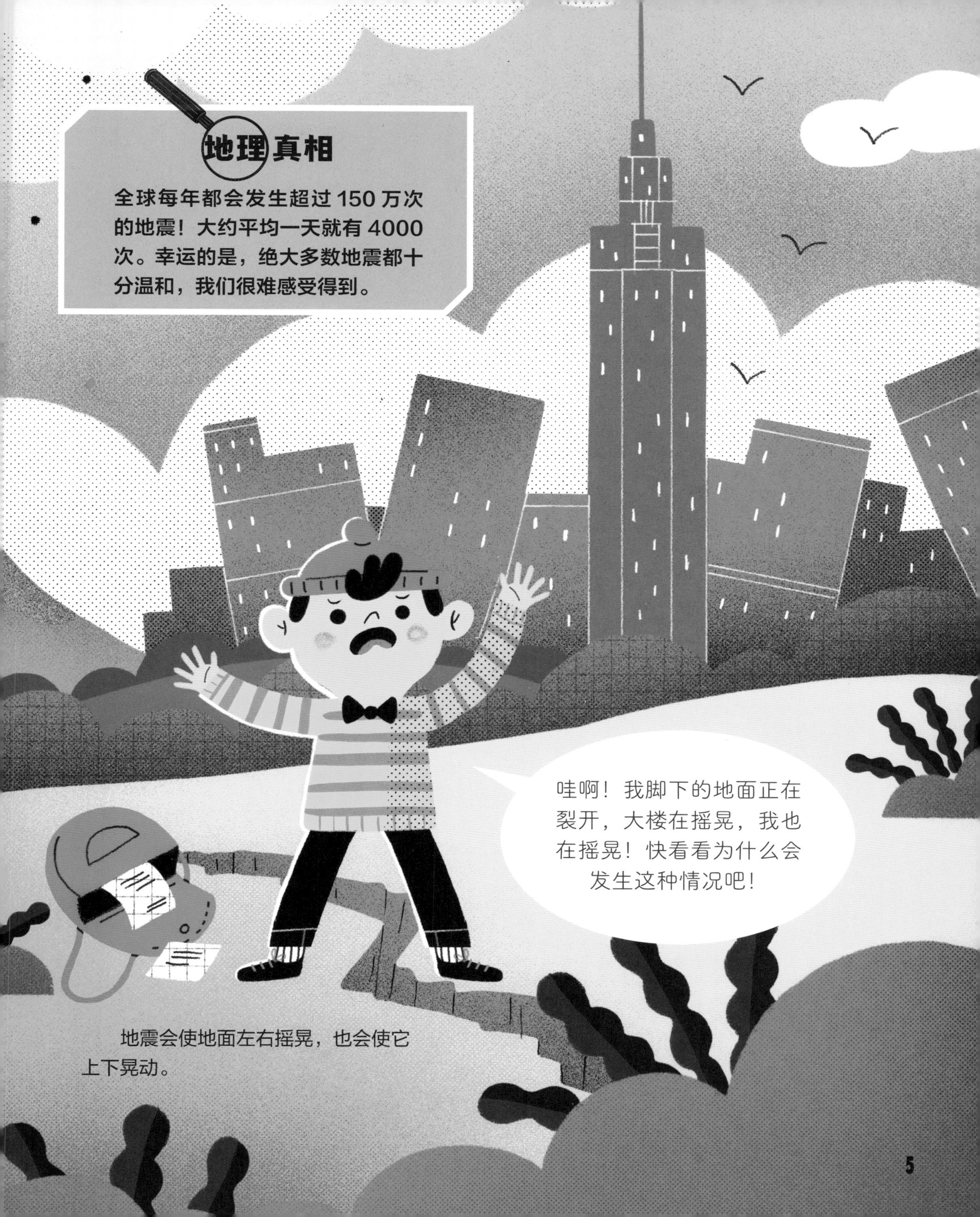

哇啊！我脚下的地面正在裂开，大楼在摇晃，我也在摇晃！快看看为什么会发生这种情况吧！

地震会使地面左右摇晃，也会使它上下晃动。

地球的裂缝

如果挖到地球的深处，你能看到什么呢？告诉你答案吧：超级多的岩石！快来和地理小侦探一起探索这颗星球地表以下的东西吧！

地球是由厚厚的岩石层组成的，我们生活在最外面的一层，它叫作**地壳**。地壳被海洋、土壤和植物覆盖着，当然还有人类和动物！它可以分成一些巨大的碎片，我们称之为**构造板块**。

呼！这下面又红又热，它一定就是地核了。
地核

地球最中心的部分被称作**地核**，地核的中心十分坚硬，外面却非常柔软。**地幔**是一层厚厚的包裹着地核的岩石。地幔中的岩石炽热，而且柔软，它可以缓慢地移动，并带动上面的构造板块一起移动。

地理真相

地核的温度可以达到 6000 摄氏度，这差不多是一般烤箱温度的 30 倍！

饼干板块 实验

你需要：

· 脆脆的饼干（比如消化饼干）
· 一个盘子
· 水

用一块湿漉漉的饼干做实验，看看地壳上的构造板块会发生什么变化！

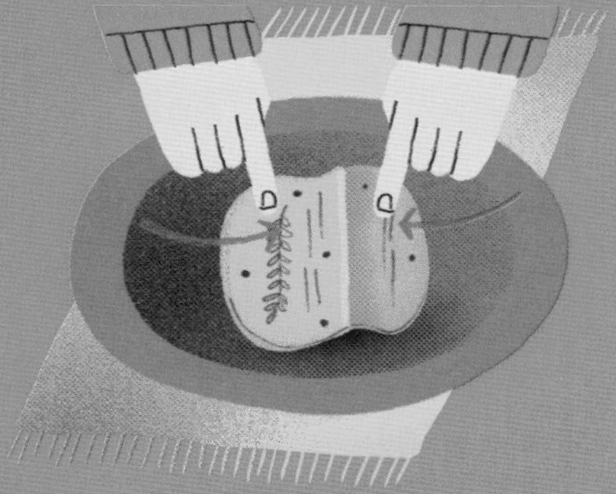

1. 将一块饼干掰成两半。

2. 将每一半饼干轻轻浸入水中，大约 2 秒钟。

3. 将浸湿的饼干放在盘子上，试着将潮湿的一面推到一起。

这时候我们会发现，饼干的边缘会渐渐皱成一堆，这就是两个构造板块相互移动时发生的情况。岩石板块被弯曲和断裂，形成了地震。

地球的地壳又薄又硬，就像面包的表皮一样！

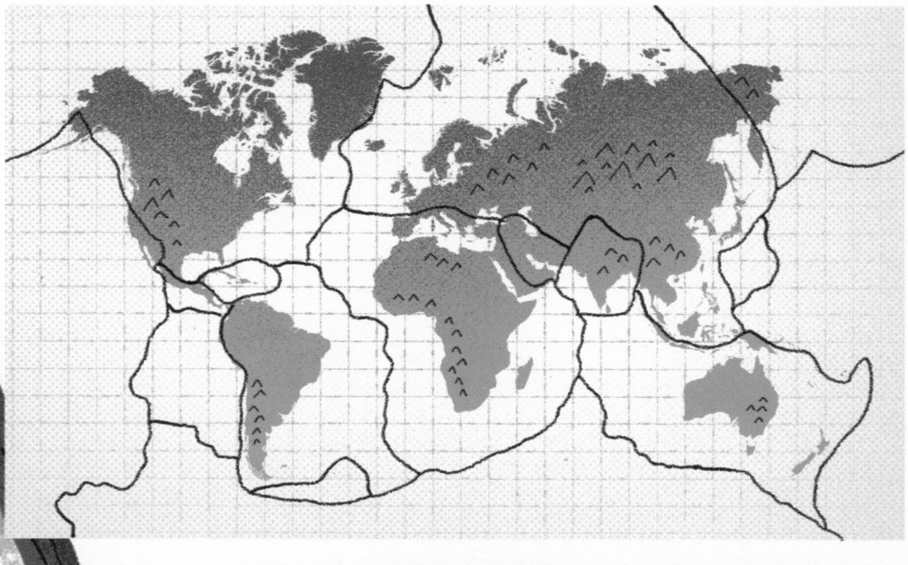

这是全球构造板块的地图。你能看到各个板块之间的线吗？绝大部分火山活动和地震都发生在这些线附近。

在火山里面

所有的火山都是由一层一层的岩石组成的，但不是所有的火山都是一样的形状。艾娃和乔治正在了解不同类型的火山。让我们进一步看看吧！

每座火山都有一条叫作**岩浆通道**的管道，顶部有一个**火山口**。火山深处有一大块空间叫作**岩浆房**，这里充满了熔融的岩石，它叫作岩浆。

让我们看看火山里面
发生了什么。
岩浆从岩浆房升起来，
沿着岩浆通道从主火
山口喷出。
火山正在喷发！

地理真相

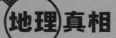

地球上最高的火山在海底。从海面上，我们只能看到海底最高的火山的顶部，它看起来只是伸出海面的一个岛屿。

火山主要有三种类型。乔治正注视着一座高而陡峭的火山。这一定是一座复合型火山！

复合型火山的边坡又高又陡，它是由火山灰和黏稠的熔岩组成的。

盾状火山像一个倒置的盾牌，它的形状又短又宽。

火山渣锥（碎屑锥）是一种由岩石碎屑组成的小火山，这些岩石碎屑被称为**火山渣**。

你需要：

· 爆米花
· 一个大盘子
· 一个小杯子
· 一根大号吸管

爆米花火山渣锥 实验

做一个爆米花火山，来看看火山渣是怎么被吹出火山口的吧。

你能在 10 秒之内把所有的“火山渣”吹出杯子吗？

1. 把杯子放在盘子的正中间；
2. 把爆米花放在杯子周围，做成一个底部面积很大的圆锥体；
3. 在杯子里装上更多的爆米花；
4. 将吸管插入杯子后使劲吹气。爆米花会向上飞去，紧接着落在圆锥体上面！

一个个爆米花就像火山渣一样，从火山口飞出，落在火山周围。它们逐渐堆积形成一个更大的圆锥体。

喷发

当火山爆发时，岩浆从火山口喷出，作为炽热的熔岩飞向空中。地理小侦探们正在调查火山爆发时还会发生什么。来看看你能发现什么呢？

热气在地下积聚并将岩浆向上吹起，形成了壮观的熔岩喷泉。熔岩也像红色的河流一样沿着火山流了下来，这被称为**熔岩流**。

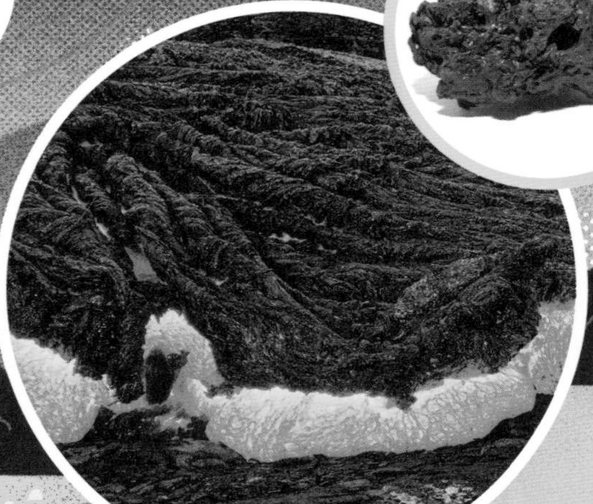

熔岩流在这里放慢了速度，它一定是正在冷却，最后变成了固体岩石。

一些火山在爆发的时候，会向天空喷射巨大的火山灰云。这些云被称为**喷发柱**，可高达 10 千米，相当于 100 个足球场串起来那么长！

啊！所有东西上都有了一层厚厚的灰尘——包括我也是，这是从天上掉下来的火山灰。

地理真相

熔岩会以每小时 60 千米的速度流动，这可比我们跑步或者骑自行车的速度快多了！

沙坑火山 实验

你需要：

· 沙子
· 两个塑料杯
· 醋
· 小苏打
· 红色食用色素

建立一个火山模型，人工制造一次火山喷发！

1. 在户外，用潮湿的沙子堆成一个大约 20 厘米高的圆锥体。
2. 将一个塑料杯放到圆锥体的顶部，注意杯口朝上，然后用沙子紧紧围绕着它堆出火山口的形状。
3. 在这个杯子里放几勺小苏打。
4. 在另一个杯子里装上半杯醋，加入几滴红色的食用色素。
5. 把加了食用色素的醋倒入火山口的杯子。

当醋和小苏打混合在一起的时候，会产生一种气体。
这种气体可以将杯子里的混合物推出来，犹如真正的火山爆发。

著名的火山

一些火山因其喷发时壮观的景象而闻名于世。
与艾娃和乔治一起了解一些著名的火山爆发吧。
你能从图片中猜出这些是什么类型的火山吗？

艾雅法拉火山（冰岛）

这座火山在 2010 年喷发，喷发时产生的火山灰云扩散到了欧洲北部。

火山喷发时飞机飞行会十分危险！空气中的火山灰可能会使飞机的引擎无法工作。

地理真相

火星上有一座巨大的火山，叫作奥林匹斯山，它比地球上的任何火山都大。

基拉韦厄火山（夏威夷）

基拉韦厄火山经常喷发，长长的熔岩流可以一直流向大海。

轰隆隆！喀拉喀托火山当时所在的岛屿几乎完全消失了，而一座新的火山正在原来的位置上生长。

喀拉喀托火山（印度尼西亚）

喀拉喀托火山曾经在 1883 年的爆发中把自己炸成了碎片，几千千米之外的人们都能听到爆炸的声音。

你需要：

· 几张大纸
· 一些彩笔
· 胶水
· 剪刀（请家里的大人一起帮忙）

制作火山地图 活动

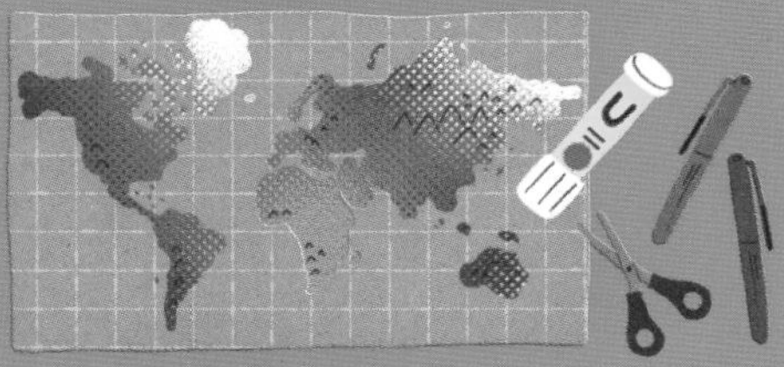

绘制一张世界上最著名的火山的地图，你能在绘制的过程中注意到它们的位置吗？

1. 画出或打印出一幅超级大的世界地图。

2. 在一张纸上画一些大约 3 厘米高的火山，并把它们剪下来。

3. 在地图上找到艾雅法拉火山、喀拉喀托火山和基拉韦厄火山的位置，将这些火山的图片贴在地图相应的位置上。

4. 研究并添加一些其他著名的火山，比如日本的富士山、厄瓜多尔的科托帕希火山、美国的圣海伦火山和意大利的维苏威火山，给每一座火山都贴上标签。

将你的地图与第 7 页全球构造板块的地图进行比较，你会发现大多数火山活动，都发生在连接这些板块的黑色的线上。

环绕太平洋的一圈火山被称为“火环”。

火山科学

研究火山的科学家被称为**火山学家**。

地理小侦探们正在帮助这些火山学家研究图上的熔岩流。

穿上你酷炫的工作服，加入他们吧！

熔岩和火山灰可以摧毁房屋，也会给住在火山附近的人们带来伤害。火山学家们会爬上火山，安装他们的测量仪器。当火山快要喷发的时候，这些设备就可以向人们发出预警。

这位火山学家正在收集熔岩，一旦熔岩冷却下来，她就可以在实验室里研究它们。

采集熔岩样本超级危险！因为火山学家们距离滚烫的熔岩流非常近。
酷！这些颜色闪亮的衣服正在保护我们免受熔岩的烘烤。

寻找耐高温材料 实验

你需要：

· 一块板状巧克力
· 锡纸
· 保鲜膜
· 黑色的纸
· 一个盘子

这是一个带有 GPS（全球定位系统）的运动传感器，它可以探测到在火山爆发前地面发生的微小运动。当岩浆在地下移动时，地面就会运动。

哪些材料最耐高温？完成这个巧克力实验，你就知道了。

1. 掰下四小块巧克力。

2. 将它们分别用锡纸、保鲜膜和黑色的纸包裹起来，剩下一块什么也不包。

3. 把这几块巧克力装进盘子里，放在有阳光的地方。

4. 每隔 5 分钟，轻轻按压一下这些巧克力块，看看哪一块已经熔化了。你认为哪一块将会是最后熔化的？

用黑色的纸包裹的巧克力最先熔化，因为黑色吸收的热量最多。而用锡纸包裹的巧克力将是最后熔化的，因为热量会被闪亮的锡纸反射出来，这样巧克力就能保持凉爽。同样的道理，火山学家穿着颜色闪亮的衣服，熔岩的热量就会被反射出来。

地理真相

在寒冷的冰岛，来自火山的热量可以帮助农民伯伯们种植热带的香蕉！

地震断层

我们已经探究了火山，现在让我们再仔细看看另一个危险的自然灾害：地震。

地理小侦探们正在试图找到造成地震的原因。

我们知道，地壳被分割成了构造板块，这些板块之间的裂缝被称为**断层**。

当地幔中的岩浆四处移动时，断层两边的板块就会相互滑动。

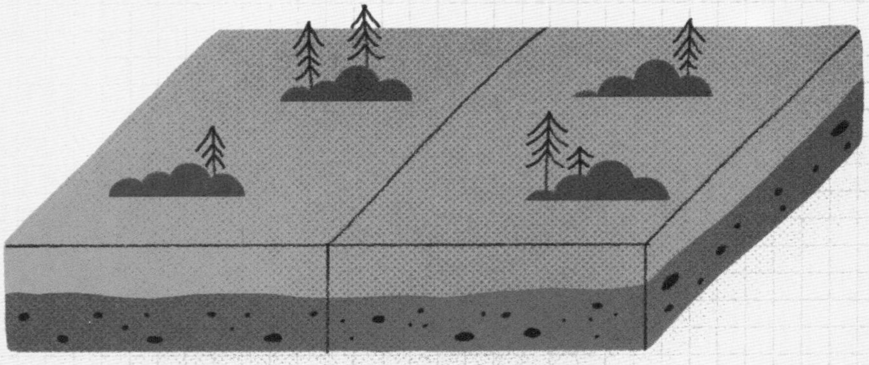

当板块被卡住，然后又突然再次移动时，就会发生地震。艾娃正在推动板块，向我们展示板块的运动，像这样的滑动就会引起大地震。

用力推！断层可能会被阻塞并且相对静止数百年，当积累的力足够大时，它就会突然滑动。

地理真相

美国的圣安德烈亚斯断层和土耳其的安纳托利亚断层非常之大，从太空中也可以看到它们！

看这里！这个断层滑移一定引起过一次大地震。

有时候我们可以看到断层滑移的地方。这个断层就正好穿过了整齐的农田。

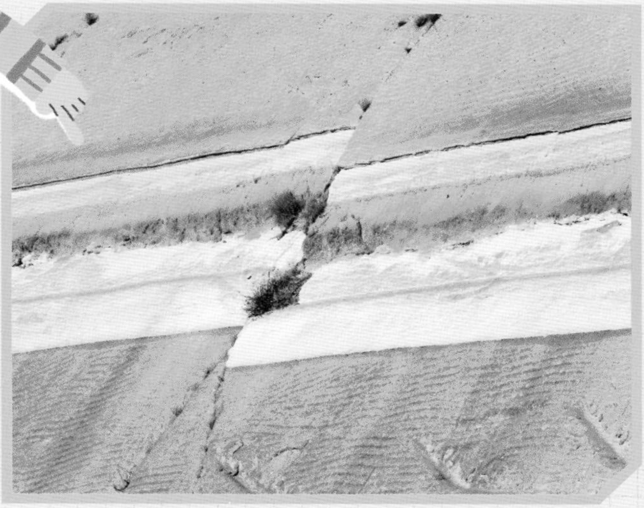

你需要：

· 吐司面包
· 果酱
· 一把刀（请家里的大人一起帮忙）

滑移三明治 实验

用果酱三明治来看看不同的断层在地震中是如何移动的。

1. 用两片面包做一个果酱三明治。
2. 在三明治最上面涂上更多的果酱，然后再加一片面包。这一层代表地壳中的岩石层。
3. 将三明治切成两半，变成两小块三明治。
4. 将其中一块三明治垂直地切成两半，再像右图一样斜着把另一块切成两半。
5. 用你的“三明治积木”来演示这 3 种类型的地震。

这是逆断层，一个板块被推到了另一个板块之上。

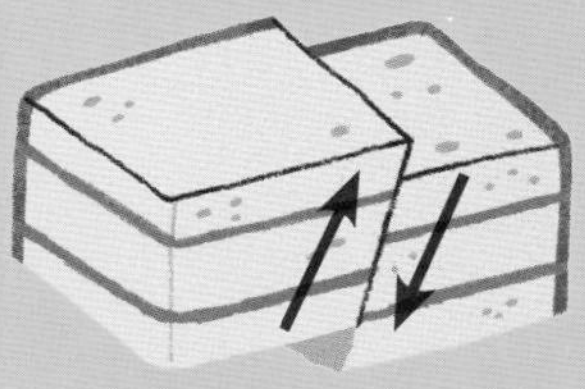

这是正断层，经常发生在岩石被拉开的时候。

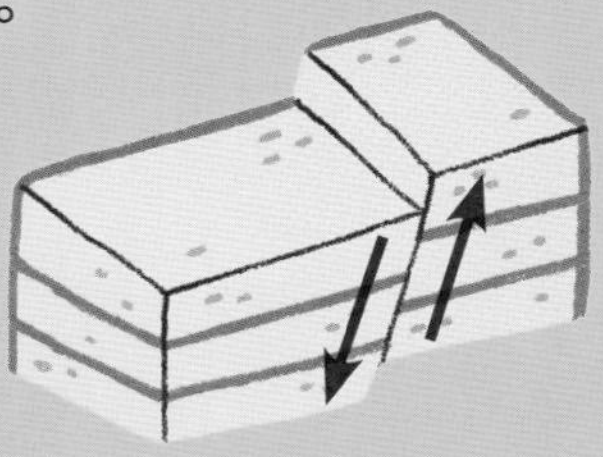

这是走滑断层，板块的边缘会相互剐蹭。

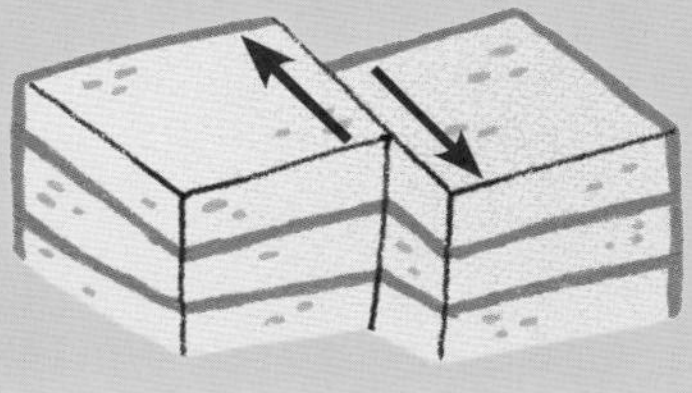

波的传播

当断层突然滑动时，地震波就会在地壳中传播，直到抵达地表，我们才能感受到它。

和地理小侦探一起来了解地震波是如何传播的，以及如何测量一个地震的大小吧。

研究地震的科学家们被称为**地震学家**。他们使用一种叫作**地震仪**的机器，这种仪器可以绘制图表来显示地震期间地面的震动情况。

地震仪可以捕捉到地面的微小震动，这些是我们用脚感觉不到的。
来看看地震波是怎么移动的。它们看起来像池塘里被鹅卵石砸出的水波纹一样。

地震波会穿过地表，它们会使地面上下左右摇晃。

地理真相

地震的强度是用震级来衡量的，震级 7 级或以上的地震为强震。

断层滑动并引发地震的地方，被称为**震源**，地震波从震源向各个方向扩散。

地震仪模型 活动

你需要：

· 纸箱
· 几根绳子
· 小塑料罐
· 签字笔
· 几枚硬币
· 白纸
· 胶带

制作一个属于自己的地震仪来测量地震吧。

1. 将纸箱侧面着地，用一支笔在纸箱的顶部扎 2 个相距 5 厘米的洞。

2. 在小塑料罐的底部扎一个洞。

3. 将签字笔从扎好的洞中伸出来，再用胶带固定它。

4. 在小塑料罐里放几枚硬币，让小塑料罐的重量变得更重。

5. 在小塑料罐的两边各粘一根绳子，再分别把绳子的另一头从纸箱上面的洞里穿出来。

6. 调整绳子，使签字笔的笔尖刚好接触到纸箱的底部，打个结，再用胶带固定绳子的这一头。

7. 将白纸放进纸箱里，正好在笔尖的下面。

8. 把纸箱放在桌子上，在摇动桌子的同时，慢慢地把纸从纸箱里拉出来。笔会在纸上画出一条弯曲的线。

当桌子晃动时，纸箱也会晃动，但塑料罐和笔会保持不动，这样笔就可以在纸上记录晃动的情况。当地震发生时，地震仪会以同样的方式工作。

地震的危害

当地震来临时，地面会开始晃动。起初地面只是轻轻地摇晃，但随后会变得异常剧烈，比如灯四处摇晃，家具东倒西歪——连你也可能这样！艾娃和乔治正在研究地震时还会出现什么现象。

像石头小屋这样简单的建筑，就无法在大地震中维持原状。有时候，甚至连混凝土建筑也会倒塌。

你需要：

- 一个托盘
- 两支铅笔
- 一些积木
- 一些黏土
- 几根吸管

地震挑战 实验

谁能造出最好的抗震建筑？接受这个挑战，来找找答案吧。

1. 把 2 支铅笔平放在桌子上，相距大约 20 厘米。
2. 把托盘放在铅笔的上面，检查一下托盘是否能从一边滚到另一边。
3. 每个玩家用积木、黏土和吸管做一个建筑物。
4. 现在来测试一下你们的建筑吧！把它们都放在托盘上，然后轻轻地把托盘从一边推到另一边，这是在模拟地震时的地动山摇。
5. 加快摇动托盘的速度，直到只剩下一栋建筑物屹立不倒。谁会是最后的赢家呢？

当地震较弱时，大多数建筑物都能保持静止不动。地震越强，建筑物就越有可能倒塌。

这些摩天大楼之所以一直屹立不倒，是因为它们内部有坚固的金属框架。
看看这些弯曲的铁轨！从它们就能够看出这里的地面曾经左摇右晃过。

地震会使空旷的地面开裂，留下一个个大坑，道路也会断裂，墙壁和栅栏可能会被撕成两半。

地理真相

有时候，地震会让泥土变得松软，像液体一样流动。这时候汽车和建筑物就会深陷其中！

著名的地震

你准备好和地理小侦探一起调查历史上著名的一些地震了吗？它们之所以著名，是因为这些地震的威力很大，造成了很严重的破坏。

旧金山（美国）

1906 年，一场巨大的地震袭击了旧金山，成百上千的木制建筑物和砖瓦房都倒塌了，引发的大火同时摧毁了更多的建筑物。

看起来那时候的人们不知道如何建造抗震建筑！

地理真相

专家们认为旧金山随时可能发生另一场大地震！

下沉的土壤 实验

你需要：

- 一个大塑料碗
- 沙子
- 水
- 积木
- 玩具锤

通过这个有趣的实验，看看地震是如何导致建筑物沉入地下的。

1. 在碗里装上约 5 厘米深的沙子，用水打湿它们。
2. 将一个积木放在沙子上。
3. 用玩具锤一次次敲打沙子，这会让沙子像在地震时一样摇晃。这时候沙子和积木会发生什么变化呢？

摇晃使潮湿的沙子变得像液体一样，紧接着积木下沉并且倒下。这也是在阿拉斯加地震时建筑物发生的情况。

安克雷奇（美国阿拉斯加）

1964 年，一场地震袭击了北美洲的阿拉斯加，安克雷奇的建筑物也由于土壤变软而倒塌。地震还引发了**海啸**，海啸传播到了远在太平洋彼岸的日本。

神户（日本）

因为日本靠近构造板块的边缘，所以很多地震都发生在这里。1995 年，神户在一次地震中受到了严重的破坏，一些抗震建筑也倒塌了。

海啸

当你跳进游泳池时，波浪就会在水面上扩散开来。当地震发生在海底时，一个巨大的波浪也会以同样的方式扩散开来，这就是海啸。让我们和地理小侦探一起看看海啸的各个阶段吧。

地理真相

在海洋中，海啸波以每小时 800 千米的速度传播，这和喷气式飞机的速度一样快。

遥远的海洋发生了地震，海浪从海洋向陆地涌了过来。

当地震来临时，海底突然上升或者下降，就引发了海啸。
在海啸到达之前，海水会突然远离海岸，就好像有人拔掉了浴缸的水塞一样。

一场大的海啸可以把小船抬起来，并且把它们带到内陆来。而当海水排回海中时，这些船就会被留下。

你需要：

· 两块长的木板（约 1 米长）
· 两块约 0.5 米长的木板（约 0.5 米长）
· 一块小木板（约 15 厘米宽 、20 厘米长）
· 一块大塑料布

海啸水箱 实验

试试用你制作的海啸模型引起一个大海浪。

1. 在室外，用两块长木板和两块短木板摆成一个长方形水箱。
2. 把那块最小的木板斜靠在长方形的一端，做成一个斜坡，这就是你的海滩。
3. 用塑料布从上面盖住这个长方形水箱。
4. 把水倒入塑料布中，塑料布会沉入长方形水箱里。
5. 跪在水箱斜坡的对面，把你的手伸入水箱，将水迅速推到斜坡的方向，制造出海啸。

你的手模拟了地震的效果。观察波浪沿着水箱移动并掠过斜坡时的样子，海浪在海滩上移动时会变得更高。

地震安全与救援

虽然很难预测什么时候会发生地震，但你可以提前做好准备。
在很多地方，人们都会进行地震演习。
艾娃正在进行演习，这样她就能为未来可能发生的地震做好准备。

这些救援犬具有出色的嗅觉，它们正在努力嗅出废墟中人们的位置。

大地震发生后，人们可能会被困在倒塌的建筑物中，为了找到他们，救援小组正在努力工作。

地理真相

救援人员会使用非常灵敏的麦克风，通过听声音来寻找可能被困住的人。

进行地震演习 活动

假设你感受到了地面开始摇晃，请按照下面这些简单的步骤来保证安全。

1. 蹲下身子，让膝盖跪在地上。
2. 保护自己的头，比如躲在桌子或写字台下面。
3. 抓紧稳固的东西，比如桌腿。
4. 在摇晃停止前，不要站起来。

地震应急包里有食物、饮料、温暖的毯子、手电筒和急救包。

当地震发生时，家具可能会翻倒，天花板也有可能会掉下来。下图中，艾娃正在进行地震演习。

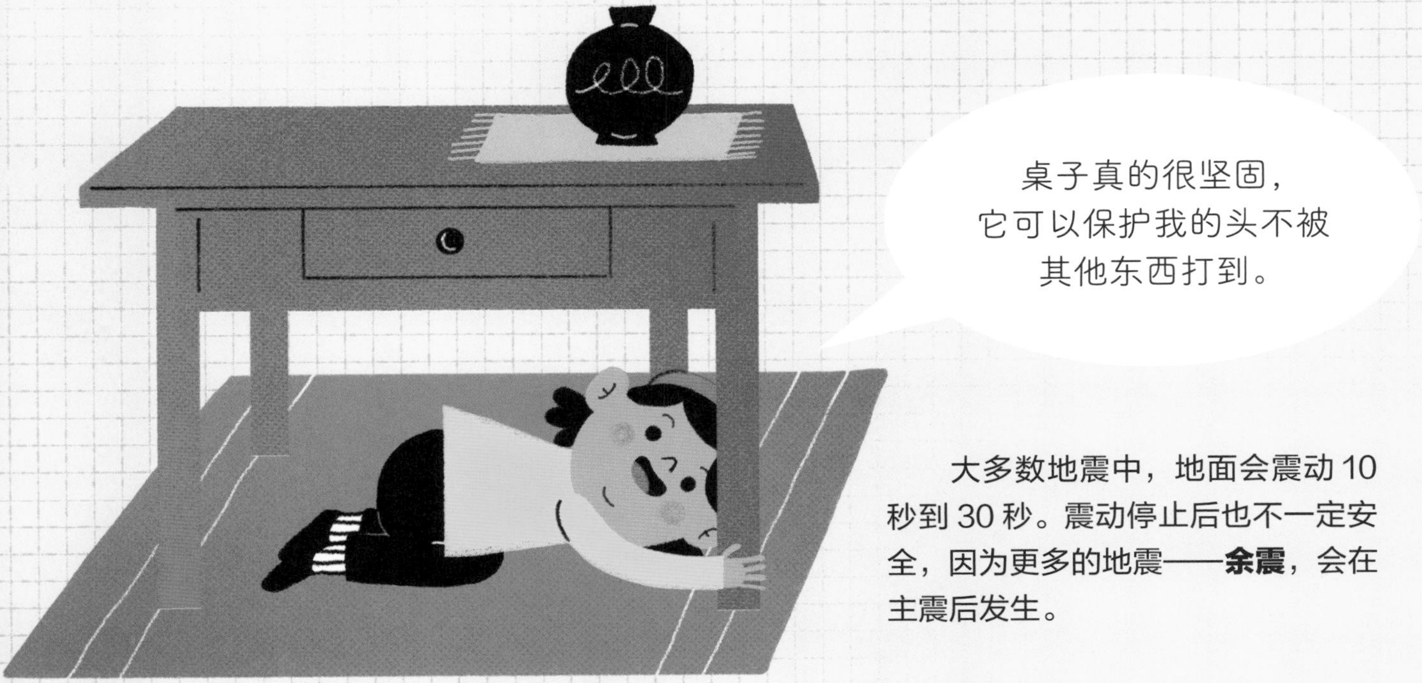
桌子真的很坚固，
它可以保护我的头不被
其他东西打到。

大多数地震中，地面会震动 10 秒到 30 秒。震动停止后也不一定安全，因为更多的地震——**余震**，会在主震后发生。

地理小侦探测试

现在来帮助艾娃和乔治回答这些地理小侦探问题吧。看看在探索火山和地震的过程中，你学到了什么呢？

1. 地球最外圈的一层岩石叫什么呢？

2. 在地球的最外层，这些板块的名字叫什么？

3. 复合型火山是什么形状？

4. 火山的火山口在哪里？

5. 像河流的熔岩叫什么？

6. 为什么火山学家要穿闪亮的衣服？

7. 什么是断层？

8. 地震学家是做什么的？

9. 地震仪是用来测量什么的？

10. 地震发生后，救援犬是如何帮助救援人员的？

11. 引起旧金山地震的断层名称是什么？

12. 1964 年阿拉斯加地震期间，当地的土壤发生了什么变化？

13. 海啸发生在哪里？

14. 如果突然发生了地震，你应该怎么做？

答案

1. 地壳。2. 构造板块。3. 侧面陡峭的圆锥体。4. 在火山顶部。5. 熔岩流。6. 为了减轻火山热量对他们的影响。7. 地壳上的一个裂缝。8. 研究地震。9. 地面的运动和震动情况。10. 救援犬可以嗅出被困在废墟中的人。11. 圣安德烈亚斯断层。12. 土壤变得柔软，像液体一样流动。13. 在海上。14. 蹲下，保护自己的头，抓紧稳固的东西。

词汇表

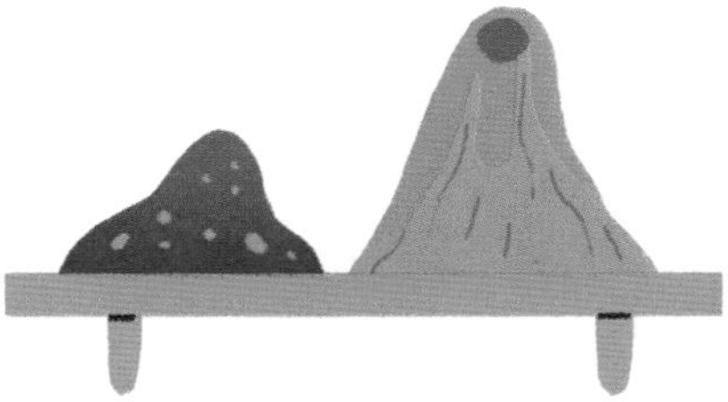

地核 地球最中心的部分。

地幔 地球上最厚的一层，存在于地核和地壳之间，由柔软、炽热的岩石构成。

地壳 地球外圈坚硬的岩石层。

断层 地壳上的巨大裂缝，可能会滑动导致地震。

地震学家 研究地震的科学家。

地震仪 探测地震引起的运动和震动的装置。

地震应急包 地震发生后可能需要的东西，比如水、食物、手电筒和毛毯。

盾状火山 由冷却的熔岩构成的又短又宽的火山。

复合型火山 由火山灰和熔岩组成的、侧边陡峭的火山类型。

构造板块 由地球的地壳分裂出的巨大板块。

海啸 由发生在海底的地震引发的、可以淹没海岸的强大海浪。

火山口 在火山顶部，岩浆喷发的地方。

火山学家 研究火山的科学家。

火山渣 当熔岩碎屑被喷发到空中，在落地前变成固体时，形成的小块的岩石。

火山渣锥 由火山渣组成的小火山，通常在大火山的斜坡上形成。

喷发柱 喷发的火山上方的高大的火山灰云和热气。

熔融 热到可以熔化的状态。

熔岩 从火山中喷发出来、并流淌到地面的熔融的岩石。

熔岩流 从火山中流出的熔岩河流。

岩浆 地壳下熔融的岩石。

岩浆房 火山下的空间，在火山爆发前充满了岩浆。

岩浆通道 气体和水蒸气从火山中喷出的地方。

演习 按照指令，通过练习训练在面对地震等事件时的反应。

余震 大地震后几分钟或几小时内发生的地震。

震源 地壳内地震开始发生的位置。

作者的话

小朋友，你好！

希望你喜欢与“地理小侦探”一起的探索旅程！读完本书你有没有学到很多关于火山和地震的知识呢？你有没有尝试所有的实验呢？

我们已经写了很多不同主题的书，从怪物卡车到太阳系，但我们所生活的地球始终是我们最喜欢的主题。我们都喜欢在户外活动，我们最喜欢的两个爱好是攀岩和爬山。你们喜欢在户外活动吗？这些爱好使我们对岩石、山脉和其他景观的出现和消失产生了兴趣。

我们在旅行中参观了一些火山，包括意大利的埃特纳火山、斯特隆博利火山以及冰岛的几座火山。

它们是很令人惊奇的地方，当看到蒸气、火山灰和熔岩从地球上喷出，你会感觉到我们脚下的地球是有生命的。在冰岛的时候，我们也经历过一次地震，虽然只是一场小地震，但还是有点儿吓人。我们很庆幸自己住在英国，这里没有火山，只需要担心很小的地震！

阿妮塔·盖恩瑞和克里斯·奥克雷德

致教师和家长

通过更多活动和讨论，你可以在课堂上或家里进一步学习。

许多人生活在会有火山喷发和地震产生的地方，问问孩子们，如果生活在一个有火山爆发和地震频发的地方，他们会是什么感觉？为什么人们会选择住在这种地方而不搬家呢？

2010 年，冰岛的艾雅法拉火山爆发，这对航空旅行造成了很大的影响。爆发后的第六天，欧洲大部分地区的飞机仍然无法正常飞行。问问孩子们能不能说出发生了什么事情及其原因。

有些人把生活在危险的火山旁边变成了一件有益的事情，孩子们能说出住在火山附近的好处吗？

在有地震的地方，人们已经找到了一些聪明的生活方式。你们可以一起学习一下日本人是如何保护自己免受地震影响的。

孩子们能从太平洋火环中发现什么？他们觉得为什么会有这样的名字？

蒙特塞拉特是一个经历了多次火山爆发的加勒比海岛屿。和孩子们一起在世界地图上找到蒙特塞拉特的位置，并了解它在火山最后一次爆发后发生了什么？火山爆发后人们的生活发生了什么变化？

海啸是很难预测的，它会造成很多损失，沿海地区的人们如何预测海啸可能发生的时间？问问孩子们是否能想起这本书中可能有用的办法。

在美国旧金山的圣安德烈亚斯断层上，板块正在沿着断层相互移动。为什么这里没有发现火山？

冰岛的面积在不断增长吗？孩子们能找出这个问题的答案和原因吗？

著作权合同登记号 图字：13－2023－075 号

图书在版编目（CIP）数据

地理小侦探 /（英）阿妮塔·盖恩瑞
(Anita Ganeri)，（英）克里斯·奥克雷德
(Chris Oxlade) 著；（智）保·摩根 (Pau Morgan) 绘；
电鱼豆豆译．-- 福州：海峡书局，2023.10

书名原文：Geo Detectives: The Water Cycle, Volcanos and Earthquakes, Amazing Habitats, Wild Weather

ISBN 978-7-5567-1147-5

Ⅰ．①地… Ⅱ．①阿… ②克… ③保… ④电… Ⅲ．①自然地理－儿童读物 Ⅳ．① P9-49

中国国家版本馆 CIP 数据核字 (2023) 第 171545 号

GEO DETECTIVES
VOLCANOES & EARTHQUAKES
Authors: Anita Ganeri and Chris Oxlade
Illustrator: Pau Morgan

地理小侦探：可怕的火山和地震

DILI XIAO ZHENTAN: KEPA DE HUOSHAN HE DIZHEN

作　　者　［英］阿妮塔·盖恩瑞　［英］克里斯·奥克雷德
译　　者　电鱼豆豆
绘　　者　［智］保·摩根
出 版 人　林　彬
出版统筹　吴兴元
编辑统筹　冉华蓉
责任编辑　廖飞琴　魏　芳
特约编辑　朱晓婷
装帧制造　墨白空间·唐志永
营销推广　ONEBOOK

出版发行　海峡书局
社　　址　福州市白马中路 15 号 海峡出版发行集团 2 楼
邮　　编　350004

印　　刷　北京利丰雅高长城印刷有限公司
开　　本　889 mm × 1120 mm 1/16
印　　张　8
字　　数　160 千字
版　　次　2023 年 10 月第 1 版
印　　次　2023 年 10 月第 1 次印刷
书　　号　ISBN 978-7-5567-1147-5
定　　价　108.00 元（全四册）

官方微博　@浪花朵朵童书
读者服务　reader@hinabook.com 188-1142-1266
投稿服务　onebook@hinabook.com 133-6631-2326
直销服务　buy@hinabook.com 133-6657-3072